AF262283

Assainissement des Villes et des Campagnes

Épuration biologique des Eaux résiduaires.

PROPHYLAXIE
HYGIÈNE SOCIALE

A l'heure où toutes les énergies s'unissent pour lutter contre la tuberculose, il est essentiel d'insister sur le rôle prépondérant que l'hygiène des villes et des habitations joue dans la prophylaxie et la cure de ce fléau.

La tuberculose n'est-elle pas une maladie contagieuse au premier chef, contre laquelle on ne prendra jamais trop de mesures préventives ?

C'est une vérité banale peut-être, mais on ne la proclamera jamais assez. La tuberculose est propagée par des bactéries qui se développent d'autant plus que le milieu est contaminé.

Les meilleurs véhicules de ces bactéries étant l'air et l'eau, il est donc de la plus haute importance que ces deux éléments soient maintenus dans un état de pureté aussi complet que possible.

Or, par quoi l'air est contaminé, l'eau est polluée? si ce n'est presque toujours par la putréfaction des déchets de la vie humaine. Ces déchets sont de deux sortes : les liquides et les solides.

Nous nous occuperons ici des déchets liquides et de toutes les particules solides qu'ils contiennent.

ÉPURATION DES EAUX RÉSIDUAIRES

Le drainage rationnel, l'épuration des eaux résiduaires d'une ville sont des facteurs des plus importants d'une bonne hygiène; il suffit pour s'en convaincre d'étudier les statistiques; elles disent, avec l'éloquence brutale, mais incontestable des chiffres, que dans les villes où il n'est prévu aucun système d'assainissement, aucune

Assainissement des Villes et des Campagnes

Épuration biologique des Eaux résiduaires.

PROPHYLAXIE

HYGIÈNE SOCIALE

A l'heure où toutes les énergies s'unissent pour lutter contre la tuberculose, il est essentiel d'insister sur le rôle prépondérant que l'hygiène des villes et des habitations joue dans la prophylaxie et la cure de ce fléau.

La tuberculose n'est-elle pas une maladie contagieuse au premier chef, contre laquelle on ne prendra jamais trop de mesures préventives ?

C'est une vérité banale peut-être, mais on ne la proclamera jamais assez. La tuberculose est propagée par des bactéries qui se développent d'autant plus que le milieu est contaminé.

Les meilleurs véhicules de ces bactéries étant l'air et l'eau, il est donc de la plus haute importance que ces deux éléments soient maintenus dans un état de pureté aussi complet que possible.

Or, par quoi l'air est contaminé, l'eau est polluée ? si ce n'est presque toujours par la putréfaction des déchets de la vie humaine. Ces déchets sont de deux sortes : les liquides et les solides.

Nous nous occuperons ici des déchets liquides et de toutes les particules solides qu'ils contiennent.

ÉPURATION DES EAUX RÉSIDUAIRES

Le drainage rationnel, l'épuration des eaux résiduaires d'une ville sont des facteurs des plus importants d'une bonne hygiène ; il suffit pour s'en convaincre d'étudier les statistiques ; elles disent, avec l'éloquence brutale, mais incontestable des chiffres, que dans les villes où il n'est prévu aucun système d'assainissement, aucune épuration des matières souillées (c'est, il faut l'avouer, la grande majorité); la morbidité et la mortalité atteignent les plus grandes proportions.

Au contraire, on les voit décroître au fur et à mesure que des précautions hygiéniques sont prises pour *épurer et stériliser les déchets (liquides et solides) de la vie*.

Prenons l'exemple de l'Angleterre, car c'est de ce côté qu'il faut regarder lorsqu'il s'agit d'hygiène, parce qu'elle nous a précédés, nous et les autres pays, depuis longtemps, dans cette voie. C'est là, en effet, que vont étudier, en matière d'hygiène, les missions officielles.

Le Président de la République, lui-même, n'a-t-il pas dit, dans son discours d'ouverture du présent Congrès « *en persévérant dans ces efforts, nous verrons bientôt s'abaisser la mortalité comme en Angleterre.* »

Et bien, depuis plusieurs années, *la Grande-Bretagne est une des moins éprouvées par la tuberculose*, malgré la densité de ses agglomérations, la vie intensive, dans les mines, dans les usines; malgré aussi un climat propice au développement de la tuberculose.

C'est qu'à tous les autres moyens préventifs et curatifs, elle a joint des **méthodes d'assainissement effectives** qui ont fait leurs preuves aujourd'hui.

La majeure partie des villes anglaises comportent des installations d'épuration des eaux d'égouts, des usines, de destruction des ordures ménagères.

PROCÉDÉ DU " SEPTIC-TANK "

Peu à peu, timidement, les autres nations suivent cet exemple. Voilà plus de dix ans, en effet, que l'épuration biologique par les procédés bactériens a fait son apparition en Angleterre ; elle est connue et propagée aujourd'hui sous le nom de **SEPTIC TANK SYSTEM**.

A l'heure actuelle, les installations dans ce pays se chiffrent par centaines, et le nom de " *Septic Tank* " est si connu qu'il est — même parfois à tort — adopté dans le monde entier pour caractériser divers procédés d'épuration des eaux usées.

Il n'est plus nécessaire de donner une description détaillée du véritable système " *Septic Tank* ". Tous les Congrès internationaux d'Hygiène l'ont étudié et recommandé. Aucune Société savante n'a pu s'en désintéresser.

Chacun sait maintenant qu'il réalise l'épuration des eaux d'égouts et de tous les résidus humains par deux phases principales :

1° La fermentation en vase clos ou fosse septique, de tous les déchets organiques, fermentation intense, provoquée par d'innombrables colonies de micro-organismes anaérobies contenues dans ces matières et amenant la dislocation des molécules complexes, leur solubilisation, par conséquent, leur transformation, partie en liquides, partie en gaz.

2° Le passage des liquides ainsi évacués de la fosse septique sur des lits bactériens d'oxydation dans lesquels les colonies aérobies, en fixant l'oxygène de l'air, les nitrifient et les conduisent ainsi rapidement au dernier terme de l'épuration complète.

Dès la sortie de la fosse septique, les matières traitées sont déjà épurées à environ 50 0/0 et ne contiennent plus d'espèces pathogènes qui, d'après de nombreuses analyses, ne résistent pas à l'action anaérobique.

ANALYSES

Analyse d'eau du « tout-à-l'égout » de Paris épurée par le procédé dit « Septic Tank ».

PRÉLÈVEMENT OPÉRÉ A CLICHY (30 juillet 1904)
Par le Dr OGIER, directeur du Laboratoire de Toxicologie de la Préfecture.

1° Analyses sur les eaux telles quelles.

	EAU du tout-à-l'égout	EAU sortant de la fosse septique	EAU sortant du lit bactérien
Matières en suspension (séchées dans le vide)	1,494	0,074	»
Après calcination	1,037	0,046	»
Différence (matières organiques en suspension)	0,457	0,028	»
Azote ammoniacal (en ammoniaque)	0,0148	0,0182	0,0052
Azote albuminoïde (en azote)	0,0052	0,0026	0,0000

2° Analyse sur les eaux filtrées sur papier.

Nitrites (en acide nitreux)	»	»	0,004
Nitrates (en acide nitrique)	»	»	0,031

Examen bactériologique.

Bactéries aérobies par cm³	415.000 (bacillus coli.)	67.000 (pas de bacillus coli.)	4,700 (pas de bacillus coli.)

Après le passage sur les filtres d'oxydation, ces mêmes matières sont épurées, environ **à 90** °/₀, c'est-à-dire à un degré plus élevé que la plupart des fleuves et rivières. Les matières organiques en ont entièrement disparu, et se sont transformées en nitrites et nitrates, facilement assimilables, et, par conséquent, très favorables à la vie des végétaux.

Dans ces derniers temps, les hygiénistes et ingénieurs ont cherché à donner plus d'importance à la seconde phase du procédé, celle de l'oxydation ; on a fait de la filtration continue par aspergeurs fixes ou mobiles.

Nous avons nous-mêmes utilisé un *caniveau aspergeur* donnant des résultats très satisfaisants. Aux appareils distributeurs automatiques *Cameron*, nous avons joint les *sprinklers rotatifs Adams*.

On voit la simplicité de la méthode et les avantages énormes qu'elle comporte. C'est pour ainsi dire la destruction de la matière par elle-même, sans complication chimique ou mécanique. Il saute aux yeux également que l'évacuation rationnelle des matières et leur transformation en un liquide inoffensif, *supprime totalement la pollution des eaux, et en partie la contamination de l'air.*

C'est donc un *moyen préventif de premier ordre*, dont les avantages considérables profitent aux collectivités.

C'EST DE L'HYGIÈNE SOCIALE AU PLUS HAUT DEGRÉ

Nous avons réalisé l'application du " Septic Tank System " il y a quelques années déjà ; **les premiers, nous avons mis en pratique ces méthodes bactériennes en France.**

Nous en avons entrepris l'extension dans notre pays et ses colonies. Ce procédé, par lui-même, est très simple ; mais, il ne faut pas oublier que son application est très élastique, par suite des variations multiples de la nature des eaux à épurer.

Chaque projet mérite une étude spéciale.

APPLICATIONS

Le procédé d'épuration bactérienne par le " **SEPTIC TANK** " peut s'appliquer généralement à toutes sortes d'eaux résiduaires, eaux d'égouts, eaux vannes, etc.

Le procédé est aussi bien applicable aux eaux résiduaires de toute une ville qu'à celles d'un établissement quelconque, Hopital, Hospice, Ecole, Usines, Casernes, etc.

Bien qu'il soit en général assez long de faire admettre de nouvelles méthodes, nous pouvons dire que celle-ci a franchi assez rapidement les premières étapes. Elle répond à un tel besoin qu'on ne pouvait la considérer avec indifférence.

Des installations importantes ont déjà été exécutées notamment à **Clichy-sur-Seine**, où nous traitons des eaux d'égouts du **Collecteur Central** de **Paris**, à **Martinvast**, près Cherbourg, à **Chantilly**, domaine particulier, aux **Sanatorium** d'Alger, de **Villepinte**, de **Bourghomont**, à **Tizi-Ouzou**, à **Ochain**.

INSTALLATION DE CLICHY
52, rue du Réservoir. — Traitant des eaux du Collecteur central de Paris.

D'autres installations sont en voie d'exécution à **Angers**, à **Champagne**, près Fontainebleau, à **Guingamp**, etc. Des projets plus importants encore sont à l'étude et sur le point d'être réalisés, à **Beauvais**, à **Troyes**, à **Orléans**, à **Moulins**, etc.

Il est intéressant de noter que les Pouvoirs publics ont aussi accueilli favorablement le Septic Tank.

Le Ministère de la Guerre, justement préoccupé des ravages faits par la tuberculose dans l'armée, a étudié plusieurs projets, et vient de décider une première installation à l'Hôpital militaire de **Châlons-sur-Marne.** C'est un premier pas en avant, les autres suivront. **Le département de la Seine** ne vient-il pas, à la suite d'une étude complète sur la question (1), de décider une première

---

(1) Rapport de M. Chenal, conseiller général. — Mission en Angleterre.

application de **Septic Tank** pour une installation devant traiter 10.000 cubes par jour!

Le mouvement est donné, il s'accélèrera très vite. Des réunions comme le **présent Congrès** ne peuvent que lui donner une impulsion rapide, car de quelque façon qu'on envisage l'hygiène, on est toujours conduit à assainir avant tout le milieu où évoluent l'individu et les groupements.

FOSSE SEPTIQUE AUTOMATIQUE

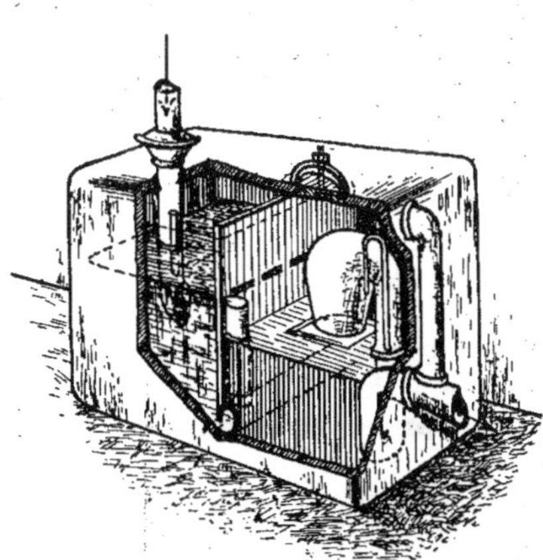

Dans cet ordre d'idées, nous avons cherché à appliquer le procédé du " **SEPTIC TANCK** " aux habitations particulières et avons créé un dispositif de fosse septique et siphon septique automatiques qui assurent, dans la fosse même, la **disparition de la matière organique,** dans les mêmes conditions dont il a été parlé pour les eaux d'égouts.

Dans ces petites installations, les gaz produits par la fermentation sont détruits ou oxydés avant leur sortie de la fosse.

Celle-ci ne laisse donc échapper qu'un liquide résiduaire déjà fortement épuré et également débarrassé de toute bactérie pathogène.

Institut Pasteur de Saïgon.

Analyse bactériologique d'eaux de fosse septique et de fosse Mouras. (Travail entrepris à l'instigation du Conseil d'Hygiène municipal de Saïgon.)

FOSSE SEPTIQUE (Mairie de Saïgon)

Liquide recueilli le 17 janvier 1905, à 4 heures du soir.

Méthode : On ensemence 5 boîtes de gélose et autant de gélatine, d'une goutte de pipette graduée au 1/20e d'une dilution au 1/10e du liquide encore un peu trouble fourni par la fosse septique.

Résultat : Nous avons obtenu comme moyenne 315×200 ou 63,000 colonies au centimètre cube. **Nous n'y avons trouvé que des bactéries banales,** à l'exception d'une espèce liquéfiante, rappelant le bacille lactis aérogène. Pas de **bacille pyocyanique** et **pas de vibrion suspect, aucune espèce pathogène définie**.

FOSSE MOURAS

Installée à l'Hôpital de Saïgon ; le liquide examiné est recueilli à la fosse fonctionnant le mieux, au milieu du pavillon central, le 25 janvier 1905, à 4 heures du soir.

Nombre de colonies au centimètre cube : **Innombrable**.

Espèces observées : **Bacille coli** ; **bacille pyocyanique**, en très grande abondance ; **vibrion pathogène**, observé pour la première fois dans les eaux de Cochinchine.

Conclusions.

1° La fosse Mouras me parait absolument à condamner comme agent de tout à l'égout ;

2° Les fosses septiques me paraissent réaliser sur elle un progrès des plus remarquables, comme diminution très grande du nombre des microbes, et surtout par **la suppression des microbes pathogènes**.

Signé : Docteur BRAU.

Vu pour légalisation de la signature de M. le Dʳ Brau, Directeur de l'Institut Pasteur de Saïgon, apposée ci-dessus.

Le Maire,
Signé : F. DROUET.

Cholon, le 13 février 1905.

Il en résulte une amélioration sensible dans l'écoulement des égouts, et la suppression de ces émanations si désagréables et si dangereuses, que l'on constate chaque jour dans les villes en passant devant une bouche d'égout.

APPLICATIONS

Dans les immeubles, sans qu'il soit besoin de transformer les W. C., les odeurs sont également supprimées.

Notre fosse septique automatique a reçu aujourd'hui plus de trois mille applications, tant en France que dans les pays étrangers. Elle est notamment officiellement admise par les **Ministères de**

la Guerre, de l'Intérieur et des Colonies, par les **Manufactures de l'État,** les **Grandes Compagnies de Chemins de fer** et les Administrations Publiques, ainsi que dans de nombreuses habitations privées.

Ainsi, l'assainissement du milieu individuel se trouve assuré, de même que, par l'épuration des eaux d'égouts, la salubrité de la vie commune se trouve garantie ; par la reproduction aussi complète que possible du travail, de la nature ; les principaux éléments de contamination disparaissent.

Dans une atmosphère maintenue pure, le candidat à la tuberculose pourra prendre les mesures personnelles de prévention indiquées par la science, sans avoir à craindre que l'infection lui arrive sournoisement du dehors par l'air ou par l'eau.

Le traitement de la maladie déclarée sera de même facilité, et la lutte vigoureuse entreprise de toutes parts, sera hautement secondée par l'hygiène générale des milieux sociaux.

B. BEZAULT,

Ingénieur Sanitaire,

Architecte diplômé par le Gouvernement.

La *SOCIÉTÉ GÉNÉRALE d'ÉPURATION et d'ASSAINISSEMENT, rue de Châteaudun, n° 28, à Paris, se tient à la disposition des Congressistes pour leur faire visiter son installation d'épuration bactérienne de Clichy.*

Étude gratuite de tous projets d'assainissement.

Paris. — Imprimerie Nouvelle (association ouvrière), 11, rue Cadet. — A. Mangeot, directeur. — 1394-5.